ゼロエミッションのガイドライン

——廃棄物のない経済社会を求めて——

三橋規宏

目次

ゼロエミッションの提案

地球の限界と折り合う知恵

人類の誕生は、約五〇〇万年前と言われています。その頃から人類は猿と分かれ、二本の足で歩き、火を使い、道具を作り人間としての営みを始めたと考えられています。それから今日まで、人類は無限で劣化しない地球を前提にして生きてきました。無限とは、資源は使っても使ってもなくならないほど豊富に存在する、という意味です。一方、劣化しない地球とは、有害物質を自然界に放出しても、自然の持つ浄化力が大きく、しばらく時間をおけば、元通りの健全な自然に戻してくれる、そんな頼り甲斐のあるスーパーマンのような頑丈な地球です。

この無限で劣化しない地球の上で、私たち人間は、自然を搾取、収奪、加工することで豊かな生活を作り上げてきました。森を切り開いて農地を作り、計画的に作物を生産する技術も身につけました。やがて、道路や鉄道を敷き、その周辺に住宅や工場、学校や病院などを建て、町や都市が形成され、生活の利便性は大幅に向上しました。一方、地殻から石油や鉄、銅、アルミなど様々な天然資源を掘り出し、自動車、家電製品、そのほか日常の生活に必要な様々な製品群を作りだし、物的豊かさを実現してきました。一八世紀後半の産業革命から二〇世紀に至る数百年、人類は近代科学技術の発展を背景に、物的豊かさを徹底的に追求してきました。この物的豊かさを追求するための究極の経済システムこそ「大量生産、大量消費、大量廃棄」による一方通行型経済システムに他ならなかったわけです。しかしこのシステムは、人々に物的豊かさをもたらした半面、地球環境を極端に破壊し、天然資源を枯渇させてしまいました。さらに人工的に創り出された化学物質の一部が環境ホルモンなどの原因になり、人類の存続に深刻な脅威を与えるなど負の遺産を二一世紀に持ち込んでしまいました。つまり私たちは、今地球の限界に遭遇してしまったわけです。

現実の地球は、「無限で劣化しない地球」ではなく、「有限で、劣化する地球」であることがいまや誰の目からみても明らかです。資源は無限どころか、使えば使うほど少なくなり、やがて底をついてしまいます。有害物質を自然界にたれ流せば、大気や土壌、水を汚染し、人類の生存条件を脅かします。実際の地球は、スーパーマンどころか、積み木細工のように脆く、壊れやすい存在なのです。これ以上、自然環境を悪化させ、資源を枯渇させてしまえば、人類の生存が不可能になってしまう恐れがあります。

長い人類史を振り返れば、現代に生きる私たちの存在は、微々たる存在に過ぎません。人類史を生きた九九・九九九%以上の先輩世代は、無限で劣化しない地球の上で、地球の限界など意識せずに生活することができました。しかし、〇・〇〇一%以下の存在でしかない私たち世代だけは、地球の限界に遭遇してしまったわけです。私たちの世代だけは先輩世代のように、無限で劣化しない地球の上で生きていくことが許されません。これまで通りの生活を続ければ、ちょうどガス欠状態で高速道路をフルスピードで走るようなもので、ガソリンがなくなればそれで終わりです。つまり先輩世代と同じような生活を続ければ、早晩破局に突き当たってしまいます。

　破局を避けるためには、地球の限界とうまく折り合っていかなくてはなりません。そのためには、先輩世代とは全く異なる価値観、考え方、新しい行動様式をゼロから創り出していかなくてはなりません。「なぜ、私たちの世代だけが地球の限界に遭遇してしまったのか」と歎いてみてもはじまりません。

　考え方を変えれば、じつに遣り甲斐のある時代に生まれてきたという受け止め方ができます。地球の限界と折り合える新しい価値観、物の考え方、行動様式をちょうど白紙のキャンバスに絵を描くように、私たちの世代が描くまたとないチャンスに遭遇しているわけです。まさに、世代冥利といってもよいのではないでしょうか。私たちがこの人類史的課題に応えることができれば、私たちの後に続く新しい人類世代から、「地球の限界と折り合う社会の基礎を築いた世代」として、感謝と尊敬の念を持って永遠に記憶されることになるでしょう。

ゼロエミッションの提唱

地球の限界と折り合える新しい経済社会の実現のためには、これまでの一方通行型の経済システムを思い切って放棄し、資源循環型の経済システムに転換させていかなくてはなりません。そのための有力な手段として国連大学は、ゼロエミッションを提案しています。

ゼロエミッションという言葉は、一九九四年に国連大学内部でそのコンセプトが確立され、翌年九五年四月に開かれた国連大学主催の「ゼロエミッション世界会議」で世界へ向け発信された用語です。ゼロエミッションとは、文字どおり訳せば、「廃棄物ゼロ」という意味ですが、最近では、廃棄物を出さない経済社会、地域社会、企業活動などを表す、より広い意味を持つキーワードとして、ゼロエミッションという言葉を使っています。だから単に廃棄物をゼロにするということだけではなく、モノを大切に使う、製品を作る場合は長持ちする製品を作る、使い終わった製品はリサイクルさせて何度も使うなど、有限な地球を前提にした新しい時代の文明創造を目指すための用語として使うようにしています。ゼロエミッションを基調とした循環型社会が創り出す新しい文明のことを二一世紀文明、あるいは地球文明と呼んでも構わないと思います。

6つの行動原則

ゼロエミッションは、限りある資源やエネルギーを大切に使うことを目標にしています。有限

ゼロエミッション小史

1992年６月、ブラジルのリオデジャネイロで開催された地球サミット（環境と開発に関する国連会議＝ＵＮＣＥＤ）で、「アジェンダ21」（持続可能な開発を実現するための世界の行動計画）が採択されました。それを受けて国連大学も、93年に国連大学アジェンダ21を決定し、持続可能な開発のための活動計画を定めました。

この活動計画を基に、国連大学では、94年４月に持続可能な開発へ向けた社会経済システムの再編プログラムを掲げました。このプログラムの一環として、「国連大学ゼロ・エミッション研究構想」を立ち上げました。この構想は、当時の第三代の国連大学学長だったデ・ソウザ氏、構想の提案者、学長顧問のグンター・パウリ氏等のリーダーシップで進められました。

95年４月には、第１回ゼロ・エミッション世界会議が東京で開かれたのに続いて、第２回世界会議が96年５月、アメリカ・チャタヌガ市で、97年7月には、第3回会議がインドネシアのジャカルタで開かれるなど、ゼロエミッション運動は、国際的な広がりをみせました。

一方、国民の環境意識の高まりを背景に、国内でも、地域社会が地域おこし、町おこしの一環として廃棄物を出さない地域社会づくりを目指して、ゼロエミッションのコンセプトを積極的に取り入れる動きが強まりました。このため、国連大学も96年以降は、地域発ゼロエミッション会議の主催、共催を通して、その普及に努力してきました。特に地域発ゼロエミッションは、国連大学内に設立された高等研究所が中心になって啓発、広報活動を展開してきました。

ゼロエミッションのコンセプトは、この数年、環境省、経済産業省など中央政府でも政策の中心に位置付けるようになっています。

2000年4月には、ゼロエミッション運動をさらに普及させるため、国連大学ゼロエミッションフォーラムが創設され、初代会長に山路敬三氏（日本テトラパック会長、日経連副会長）が就任しました。同フォーラムは、産業界、学会、地方自治体の三つのグループから構成されており、相互の交流を通して、知識と経験を蓄積し、さらなる発展を目指すための拠点として位置付けています。

1994年４月	国連大学ゼロ・エミッション研究構想プロジェクトがスタート
７月	第１回ゼロ・エミッション円卓会議
12月	第2回ゼロ・エミッション円卓会議
1995年４月	第1回ゼロ・エミッション世界会議（東京）
1996年５月	第２回ゼロ・エミッション世界会議（アメリカ・チャタヌガ市）
７月	地域発ゼロ・エミッション全国ネット会議
1997年７月	第3回ゼロ・エミッション世界会議（インドネシア・ジャカルタ）
10月	第２回地域発ゼロ・エミッション全国ネット会議
1998年11月	第3回地域・企業発ゼロエミッション会議
1999年11月	第4回ゼロエミッション世界大会
2000年４月	国連大学ゼロエミッションフォーラム発足
11月	ゼロエミッションシンポジウム（第５回に相当）

(注)「ゼロ・エミッション」の表記が途中で「ゼロエミッション」に変わっているのは、和製英語としての「ゼロエミッション」を使い、日本発のオリジナルな運動として位置付けることにしたためです。

な物質を最大限無駄にせず、有効に活用しようというわけです。ゼロエミッションの考え方は、生態系から多くのヒントを得ています。人間の手の入らない自然界には無駄になるものは、一切存在しないと多くのエコロジストが指摘しています。自然界に存在するものは、その存在自体が必ず何かの、誰かの役に立っており、したがって廃棄物になるものはありません。食物連鎖を考えてみましょう。草食動物は、草木を食べて生活しています。肉食動物は、草食動物を餌にしています。その肉食動物も、死んでしまえば土に戻り、微生物などの働きで分解され、草や木を育てるための栄養になります。人の手の入らない生態系は、こうして廃棄物ゼロで持続可能な変化を毎年続けていきます。その意味で自然の生態系こそ、「完璧なゼロエミッションシステム」と言えるでしょう。もし一方通行型の現在の経済構造を、生態系に似せて再構築することができれば、廃棄物は完全にゼロにはできないものの、無限にゼロに近づけることが可能ではないか。ゼロエミッションは、このような発想から「産業生態系」の構築を大きな目標にしています。

資源を大切に使う、一度使ったものでも使えるものは繰り返して何度でも使うという「もったいない精神」に基づく日本人の生活習慣は、資源小国の日本では、昔から徹底していました。その精神が崩壊してしまったのは、戦後の日本が高度経済成長期に入ってからです。高度成長期以降、日本人の日常生活に使い捨て、資源浪費型のライフスタイルが急速に定着してしまいました。「大きいことはよいことだ」、「浪費は美徳」といったコマーシャルに象徴されるように、日本人のライフスタイルは、浪費型に変わり、それに伴って廃棄物も急増しました。このような生活の仕方が持続不可能なことは、今や誰もが認識しています。幸いなことに長い日本人の歴史の中で、使い捨て文化に溺れた時代は、ほんの数十年に過ぎません。地球の限界に遭遇した私たちは、私たちの先祖が当たり前として受け入れてきた「もったいない精神」を基調とした持続可能な生活パターンに一刻も早く戻る必要があります。

天然資源に恵まれなかった日本にあるわずかな資源といえば、再生可能な森林と奇麗な水でした。森林は持続可能な方法で計画的に管理され、河川には、生活廃水などを流し込まず、清潔に維持されてきました。主食の米を穫った後の稲ワラも捨てずに、草履や縄、蓑などを作り、廃棄物になるものはほとんど存在しませんでした。

日本の近代化が始まる明治以前の日本社会では、人々は、生活に必要な様々なモノの存在に心から感謝し、モノを使う場合には、そのモノがまるで生き物であるかのように大切に扱い、米粒ひとつでさえも、無駄にすることは許されませんでした。「このお米は、お百姓が汗水流して働いて作ったものだ。一粒でも無駄にすれば、お百姓さんに申し訳ない」、子供が米粒を無駄にしたりすると、親はこんな言い方でよく子供を叱ったものです。また、もったいない精神は、「モノを粗末に扱えば、神様から罰を受ける」というような表現で、親から子へ、子から孫へと代々引き継がれてきました。江戸時代には、人間の排出物さえ貴重な資源として見なされ、河川などに捨てることは厳しく禁止されており、農業の肥料として活用されてきました。

江戸時代の東京は、人口百万人の当時としては、世界有数の大都市でしたが、河川は清潔で、汚物の排泄場所になっていたパリのセーヌ川やロンドンのテームズ川などと際立った違いを見せていました。

このもったいない精神に支えられた江戸時代の日本社会は、植物を基調とするゼロエミッション社会といってよいほど、廃棄物の少ない社会で、使われるモノは、徹底的に再利用、再生利用されていました。古着などの中古市場も繁盛していました。

ゼロエミッション社会を実現するために、一五〇年前の江戸時代に戻れ、などとここで強調しているわけではありません。逆にそうした主張をすれば、時代錯誤もはなはだしいことになります。ただ日本人の伝統的な生活の仕方の中に、ゼロエミッションを受け入れる精神的な土壌があり、その土壌を生かして、日本が世界に先駆けて本格的なゼロエミッション社会を構築するチャンスと可能性があることを強調したかったわけです。

ゼロエミッションの具体的な目標は、最小の物質投入で、最大の社会的厚生（生活の満足度）が得られる社会の仕組みを作り出すことにあります。それが環境負荷の少ない循環型社会への道につながります。

ゼロエミッション実現のためには、次の六つの行動原則が守られなくてはなりません。

①再生可能な資源は、再生される資源量を上回って消費しない。

②再生不可能な資源は、資源の生産性を向上させるとともに、再生可能でクリーンな代替資源を開発し、その生産量に見合う範囲でなら消費できる。

③自然界の許容限度を超えて廃棄物を放出しない。
④経済活動、日常生活の場で、できるだけ脱物質化を図る。
⑤地上ストック資源の有効活用を図る。
⑥環境コストを内部化させ、環境効率の高い市場経済をつくる。

次に六つの行動原則について、説明しましょう。

①再生可能な資源は、再生される資源量を上回って消費しない。

たとえば、森林のように、再生可能な資源でも、再生量を上回って伐採し続ければ、やがて再生が間に合わず、森林は消滅してしまいます。現在、熱帯雨林などが急激に消滅しているのは、この行動原則が守られていないからです。水資源についても同様な悲劇が起こっています。農業用の灌漑や工業用水のため、再生量を上回って、河川や地下水を使い続けてきたため、世界各地で水不足が発生し、水資源は急速に枯渇気味になっています。二一世紀には、世界的に水不足が深刻になると見られています。これは、原則①が守られていないからです。

②再生不可能な資源は、資源の生産性を向上させるとともに、再生可能でクリーンな代替資源を開発し、その生産量に見合う範囲でなら消費できる。

再生不可能な資源は、一度使ってしまえば、その分は無くなってしまいます。したがって、一方的に使い続ければ、やがて枯渇してしまいます。しかし、だからといって、再生不可能な資源は、絶対に使ってはいけないというわけではありません。まず、その資源を使う場合、できるだけ資源の生産性を高め、その資源を効率的に利用する工夫が必要です。たとえば、ハイブリッドカーが開発され、それまで一リットルのガソリンで、一四キロメートルを走っていた車が、二八キロメートル走れるようになれば、ガソリンの生産性は、二倍に向上したことになります。

次に、代替資源を開発し、その生産量の範囲でなら消費しても構わない、ということはどういう意味でしょうか。石油を考えてみましょう。石油は再生不可能な資源です。使えば使うほど減ってしまい、やがて枯渇してしまいます。燃料としての石油は、きわめて便利なエネルギーであり、二〇世紀文明は、石油に依存した文明といっても過言ではありません。しかし、石油はエネルギーとしての利用のほかに、様々な製品の素材、さらに工業用薬品、塗料などの貴重な原料でもあります。エネルギーとして、一度燃焼させてしまえば、それで終わりという使い方は、資源の有効利用という点では、決して望ましいものではありません。しかし、現実には、エネルギーとして使われる割合がきわめて大きいことも事実です。

その理由は、いくつか指摘できます。第一に、石油は無限に存在すると思われてきたこと、第二に、したがって価格が安いこと、そして第三に、エネルギーとして使い勝手がきわめて良かったことです。このため、工業化の過程で、石油は湯水のように使われてきました。その結果、無限と思われてきた石油も、枯渇気味になってきました。今日のような使い方を続けると、あと四十数年で枯渇してしまうと推計されています。

できるだけ早くクリーンで代替可能なエネルギーを開発し、石油と置き換えていくことが必要です。石油に代わる新しいエネルギーが開発されれば、その生産量に見合う範囲で、石油を大切に使っていくことは構わないでしょう。石油をエネルギーとして利用して得られる利益の一部を代替エネルギーの開発に振り向けることも大切です。しかし、実際には、代替エネルギーの開発はあまり進んでおらず、一方的に石油を消費し続けているのが現状です。

石油に限らず、銀やすず、亜鉛などの金属資源の多くも、今日のような使われ方では、あと数十年で枯渇してしまう恐れがあります。リサイクルなどを通して資源の生産性を大幅に引き上げていくことが大切です。

③自然界の許容限度を超えて廃棄物を放出しない。

有害廃棄物を自然界に放出し続ければ、やがて自然の持つ浄化力を超え、地球環境を限りなく悪化させてしまいます。大気や河川、海洋、土壌などの汚染は、いまや日本を含む先進国だけではなく、広く途上国全般にも見られます。酸性雨被害やオゾン層の破壊などは、現在も進行中です。今世紀には温暖化による世界的な気候変動が、海面の上昇を招いたり、肥沃な農地を砂漠化してしまうなどの被害をもたらし、人類の生存条件を著しく脅かしかねない危険な状況が強まってくる可能性が大きくなると思います。人口爆発は今世紀に入ってからも続き、国連の推計によると、二〇五〇年には、世界の人口は、今日の六〇億人から九〇億人近くにまで膨らむ見通しです。地球規模でみますと、人口増加と廃棄物の排出量、環境破壊は、強い正の相関を示しています。自然の許容限度を超えて、廃棄物を排出しないことが必要です。

④脱物質化を進めること。

物質をどんどん消費することで、社会的厚生（生活の満足度）を高めるこれまでの物質至上主義的な考え方を改め、最小の物質投入で最大の満足度がえられるような新しい経済システムの構築が必要です。消費者は、モノを買う消費よりも、旅行や趣味、スポーツ、研究、調査、各種ボランティア活動への参加など自ら体を動かし、汗を流して、充実感が味わえるような非物質的な消費に重心を移していくことが望まれます。二一世紀にはそうした消費が、質の高い生活をするための必要条件になってくると思います。

製造業は、単にモノをつくっていればよいという時代は終わりました。最小の原材料を使って、長持ちのする満足度の高い製品を作り上げることが求められます。製品の設計段階から、リサイクルに向かない素材は初めから使わない、廃棄物を出さない、廃棄物がどうしても出る場合は、別の製品の原料として使う。寿命が終え、廃棄物になった場合は、解体が簡単にでき、リサイクルが容易な素材を選ぶなど環境を配慮したデザイン（エコデザイン）を心がけるべきです。

製品については、売りっぱなしにするのではなく、部品の付け替えや修理などのアフターケアを強化し、モノの販売に対し、サービスの売り上げを増やし、利益があげられるような経営体質に転換していくことが大切です。

私有からレンタル、私有から共有へといったモノの利用、所有形態についても思い切った価値観の転換が求められます。

自動車を考えてみましょう。これまで私たちは、自動車を所有することに意味を感じていました。たとえば、他人が持っていないような高級車を持っていれば、そのこと自体が自慢でもあり、誇りでもありました。所有することが、心の満足度を高めてくれます。しかし、そのような発想は、資源が無限に存在すると考えられていた時代の考え方です。資源制約が厳しくなる今世紀には、次のように考えることはできないでしょうか。自動車の価値は、実際に自動車を運転することで得られる満足感、壮快さや達成感にあり、自動車を所有することではないと。このような視点に立てば、自動車は単に鉄の固まりに過ぎない存在になるわけです。所有ではなく、機能やサービスを購入するという消費パターンが定着してくれば、資源節約的な自動車の利用が可能になります。

このような考え方が受け入れられれば、自動車メーカーは、メーカーであると同時にレンタル会社にもなるわけです。そうなれば、廃棄になった段階で、解体、再生する過程もメーカーが責任を持つことになるので、廃棄物のリサイクルも効率化されます。またひとつの地域社会（コミュニティ）で自動車を共有し、使いたい時にいつでも使える制度を構築すれば、余計な自動車はいら

地球はいのちがつながる“生きたシステム”

海象社の本

http://www.kaizosha.co.jp

Ver.2008/5/15

Walrus

Weight : Males grow up to 3000 pounds

Habitat : North Atlantic and North

イラスト／薮内正幸

株式会社 海象社

〒112-0012　東京都文京区大塚4-51-3-303

TEL03-5977-8690　FAX03-5977-8691

✎　全国の大型書店でお求め、またはお取り寄せできます。

✎　メール、電話、FAX等で小社に直接ご注文の場合は、代金引き換えで、1回1500円以上のご注文につき何冊でも送料が200円となります。

メールでのご注文は　info@kaizosha.co.jp

ちにできること
Rを実践する
ォーラム編

る、大人から子どもま
Rの行動記録

製　104頁

ンフィクション

ワン
つの挑戦
著

ターフェイス社のゼロエミッ
EOが描くドキュメント

5判並製　256頁

ビジョンある人々
ーマンストーリー
ゲーセン編

業に挑む経済界のフロンティ
するビジネスモデル豊富

5判並製　248頁

環境立国日本の選択

道州制・生活大国への挑戦

●鵜謙一著

地球温暖化時代、環境技術で世界の先端を行く日本の進路は環境立国日本へと導き出される。その方法論とは

ISBN4-907717-74-1

本体1200円（税別）　A5判並製　160頁

環境が大学を元気にする

学生がとったISO14001

●三橋規宏著

CO_2削減に一人の教師と二人の学生が挑んだ。千葉商科大学がISO14001を取得するまでのドキュメント

ISBN4-907717-75-X

本体1200円（税別）　A5判並製　176頁

地球人のまちづくり

わたしの市民政治論　【日本図書館協会選定図書】

●竹内謙著

環境市政を貫き通した前鎌倉市長の8年間の市民政治家としての歩みを、在職中に発表した記事・コラムで綴る

ISBN4-907717-60-1

本体1500円（税別）A5判並製　248頁

できることはすぐやる！

三島の再生・環境ルネッサンスをめざして

●小池政臣著

環境先進都市をめざして、現三島市長が行う改革とは、できることはすぐやる、その行動力と取り組みの記録

ISBN4-907717-61-×

本体1200円（税別）A5判並製　180頁

なくなります。

脱物質化が進んだ社会は、産業構造面からいえば、第三次産業、とりわけ、サービス産業の比重がきわめて高い社会といえるでしょう。現在、GDPに占める第三次産業の割合は、日欧米が七〇—七五％程度です。この割合が九〇％前後になるような経済社会が実現すれば、その社会は、物質依存の低い循環型社会に近い姿になっているでしょう。物質依存が低くなった分を、サービスやソフト、情報などが補い、自然と調和した質の高い社会が生まれてくるでしょう。

⑤地上ストック資源の有効活用を図る。

二〇世紀を支えた物質文明は、石油や金属など地下資源に大きく依存してきました。その結果、今日では、地下資源が大幅に枯渇してしまいました。これまでのようなテンポで地下資源を使い続ければ、あと数十年で、主要な金属資源は枯渇してしまう恐れがあります。しかし、地下資源は、地球上から消えてしまったわけではありません。どこに行ってしまったのでしょうか。それは地上の様々な人工物——道路や鉄道、架橋、工場、学校や病院、オフィスビル、個人住宅、さらに自動車や家電類など——の中に形を変えて蓄積されています。これを地上ストック資源と呼ぶことにします。これまでは、ビルなどの人工物が取り壊される場合、地上ストック資源の多くは、ごみとして捨てられてきました。しかし、資源が絶対的に枯渇してきた現状を考慮すれば、このような無駄はもはや許されません。人工物に寿命がきて廃棄物になり、取り壊しをしなければならなくなった場合、そこに埋め込まれている地上ストック資源を上手に取り出し、再利用していくための工夫が必要です。そのためには、あらかじめ人工物をつくる場合、どのような資源がどの部分にどれだけ使われているか、寿命は何年後にくるのか、寿命がきて取り出す場合、どのような設計をしておけば取り出しやすいかなどのエコデザインが必要です。

日米欧などの先進工業国は、地上ストック資源が豊富に蓄積されている国です。その意味で地上ストック資源大国といってもよいでしょう。地上ストック資源には、特に次の二つの特徴があります。

第一は、うまく取り出すことができれば、何度でも半永久的に使える（リサイクル）ことです。鉄や銅などは、錆びさせなければ再生して何度でも使えます。

第二は、きわめて省エネであることです。たとえば、粗鋼一トンをつくる場合、バージン原料の鉄鉱石を高炉で溶かしてつくる場合のエネルギー量を一〇〇とすると、スクラップ鉄を集めてつくる場合のエネルギー量は三分の一程度ですみます。アルミの地金一トンをつくる場合も、電力消費量で同様の比較をすると、約一九〇対一とスクラップアルミの方がはるかに省エネです。

次に、先進国では、地上ストック資源は、どの程度蓄積されているのでしょうか。この点については、国によって、また資源の種類によってかなりの違いがあり、一概にはいえません。

たとえば、日本の場合、鉄の地上ストック資源は、粗鋼換算で、一〇億トン程度と専門家は推定しています。日本の年間の粗鋼生産は、約一億トン（最近は、不況で一億トンを割り込んでいますが）ですので、その一〇倍の地上資源が蓄積されていることになります。ほかの金属資源についても、似たようなことがいえると思われます。

地上ストック資源が豊富な先進国は、これからは地上ストック資源の有効活用に力を入れ、地下資源は、もう少し地上にストック資源の蓄積が必要な発展途上国や次世代のために残しておく配慮が必要です。地上ストック資源を有効に活用するためのエコデザイン、技術開発が強く求められております。「必要は発明の母」です。地上ストック資源の有効活用を促進させるための分野で、今後様々なニュービジネスが生まれてくると考えられます。

⑥環境コストを内部化させ、環境効率の高い市場経済をつくる。

市場経済は、市場を通して財の需給を調整し、資源の最適配分を実現する優れた制度といえるでしょう。それにもかかわらず、市場経済が、資源を浪費し、環境を破壊してしまったのは、なぜでしょうか。それは、すでに指摘したように、「無限で、劣化しない地球」という地球観を前提にして、市場経済が営まれてきたからです。環境破壊によって引き起こされるコストを企業が負担してこなかったことが最大の理由です。

たとえば、石炭火力発電所は、何の対策も講じなければ大量の硫黄酸化物（SOx）や窒素酸化物（NOx）を排出します。SOxやNOxは酸性雨の原因になり、森林や湖沼を破壊するなどの被害を引き起こします。それを防ぐためには、脱硫、脱硝装置が必要です。しかしこの装置を付けるためには、巨額のお金がかかります。日本の石炭火力発電所は、現在すべて、この装置を付けていますが、発展途上国では、まだこの装置を付けていない発電所が大部分です。この場合、日本の発電所は、環境コストを経営内部に取り入れているが、途上国は取り入れていないということになります。

二一世紀には、環境コストを市場経済の中に取り入れることが当たり前になるでしょう。たとえば、温暖化を放置すれば、世界的な気候変動を招き、海面が上昇して、農地が水没してしまうかもしれません。それを阻止するために防波堤を築くことになれば、大変な費用がかかるでしょう。農作物が不作になれば、価格が跳ね上がるばかりか、食糧そのものが不足し、生命が脅かされる心配もあります。そうした破局を回避するためには、温暖化寄与度の高いＣＯ２の排出量を抑制することが必要です。ＣＯ２は、主として石油や石炭などの化石燃料を燃やすことで排出されます。だから化石燃料の消費を抑制することが、戦略上重要になります。そのためのもっとも手っ取り早い方法は、法律で禁止することです。たとえば、「あなたの車は、一ヶ月にガソリンを三〇リットル以上使ってはいけません」などと決めるわけです。しかし、このような規制だけだと、かならず悪質なブローカーが出現します。ガソリンを買い占め、買い占め価格の何倍もの価格で、それを必要とする者に売りつける闇のブローカーが跋扈するようになります。このような行為は、資源の効率的な使い方をゆがめ、金持ちが得をする不公平な社会を作り出してしまいます。

むしろ、炭素税のように化石燃料の消費に一定の課税をし、無駄な使い方を抑制する方法が社会全体でみれば効果的だといえます。効果を上げるためには、税額が低過ぎても、高過ぎてもいけません。低すぎれば、抑制しようとする気持ちがなくなるし、高過ぎれば、経済活動に大きな打撃を与えてしまうからです。そのためには、環境コストの適切な計算方法も開発しなければなりません。

効果的なゼロエミッションーアプローチ

次に、ゼロエミッション社会を構築するための具体的な手法について考えてみましょう。そのためには、以下の5つの方法が考えられます。

ゼロエミッション社会を構築するための5つの方法

第一は、**製品設計革命**です。製品を作るためには、原材料が必要です。原材料を加工して製品を作るわけですが、生産過程で多くの原材料が廃棄物として捨てられてきました。資源は無限に存在するのだからいくら使っても構わない、こんな考え方がその背景にありました。しかし資源は有限です。使えば使うほど減ってしまいます。資源を大切に使うためには、最小の原料を使って最大の満足度が得られるような製品をつくること、使われた原料をすべて完成品の中に組み入れることができれば、廃棄物は出さないで済みます。つまりインプット(原材料)＝アウトプット

（製品）の考え方で製品設計をすることが大切です。これまで、製品一個をつくるために、その何倍、何十倍、何百倍、何千倍もの原材料を無駄に捨ててきました。しかし考え方を転換して、廃棄物が大量に出るような生産手法は採用しないことが肝心です。一つの製品の中にどうしても組み込めず、廃棄物になる場合は、他の製品の原料に使う工夫が必要です。今日の科学技術では、正確な意味で、インプット＝アウトプットを満たすことはできません。しかし、そうした考え方で製品設計をすることは可能です。

第二は**産業クラスター革命**です。クラスターとは、ぶどうの房、羊の群れなど一つの固まり、集団を示す言葉です。それでは、どのような産業集団を作れといっているのでしょうか。一言でいえば、廃棄物を資源化する産業集団をつくろうということです。たとえば、A産業が排出する廃棄物をB産業が原料に使う、B産業が排出する廃棄物をC産業が原料に使う、そしてC産業が排出する廃棄物をD産業が…という具合に廃棄物を原料にする新しい産業連鎖ができれば、廃棄物はゼロにできます。そうした新しい産業クラスターを積極的に作り出していこうという考え方です。もちろん、ここでも厳格な意味で、廃棄物の完全な資源化には限界がありますが、廃棄物ゼロを目指した産業クラスターの構築は可能です。すでにそのための実験は、各地で始まっています。

たとえば、石炭を燃料とする火力発電所は、大量の硫黄酸化物（SOx）や窒素酸化物（NOx）を排出します。SOxやNOxは、酸性雨の原因になります。これらの廃棄物を資源として使えないか。環境プラントメーカーの荏原製作所は、日本原子力研究所および中部電力と協力してこの課題に挑戦しました。その結果、SOxやNOxにアンモニアを加え、その後で特殊な電子ビームを照射し、硫安や硝安などの化学肥料に転換させる技術開発に成功しました。だから石炭火力発電所と化学肥料工場を結び付ければ、火力発電所の廃棄物を資源化させるゼロエミッション型の産業クラスターができます。同社は中国—四川省の省都、成都の要請を受け、火力発電所の隣にSOxやNOxを原料にした肥料工場を建設し、九七年九月から操業をしています。二〇〇一年春から、中部電力の西名古屋火力発電所が、重油の脱硫過程で同様の施設が稼動しています。

デンマークの首都、コペンハーゲンから一〇〇キロメートルほど西に行ったところにカルンボーという地方都市があります。ここにある企業団地では、三〇年近く前から企業間で廃棄物の資源化に取り組んでいます。現在、この企業団地には、石炭火力発電所、製油所、石膏ボード会社、製薬会社、土壌改良会社の異業種五社が進出しており、カルンボー市の水道局と協力しながらゼロエミッション企業団地を構築しています(次ページ図1参照)。

異業種企業による廃棄物の資源化は、日本の場合、川崎市が同市臨海部の空洞化対策として進めている中小企業のゼロエミッション団地がその代表といえるでしょう。通産省および環境事業団の財政支援を受けて、約一〇ヘクタール(三万坪)の土地に中小企業を中心とする二十数社の中小企業群を集積させ、廃棄物循環に配慮した企業団地をつくるというもので、総事業費約二〇〇億円、二〇〇二年三月までに操業の予定です。

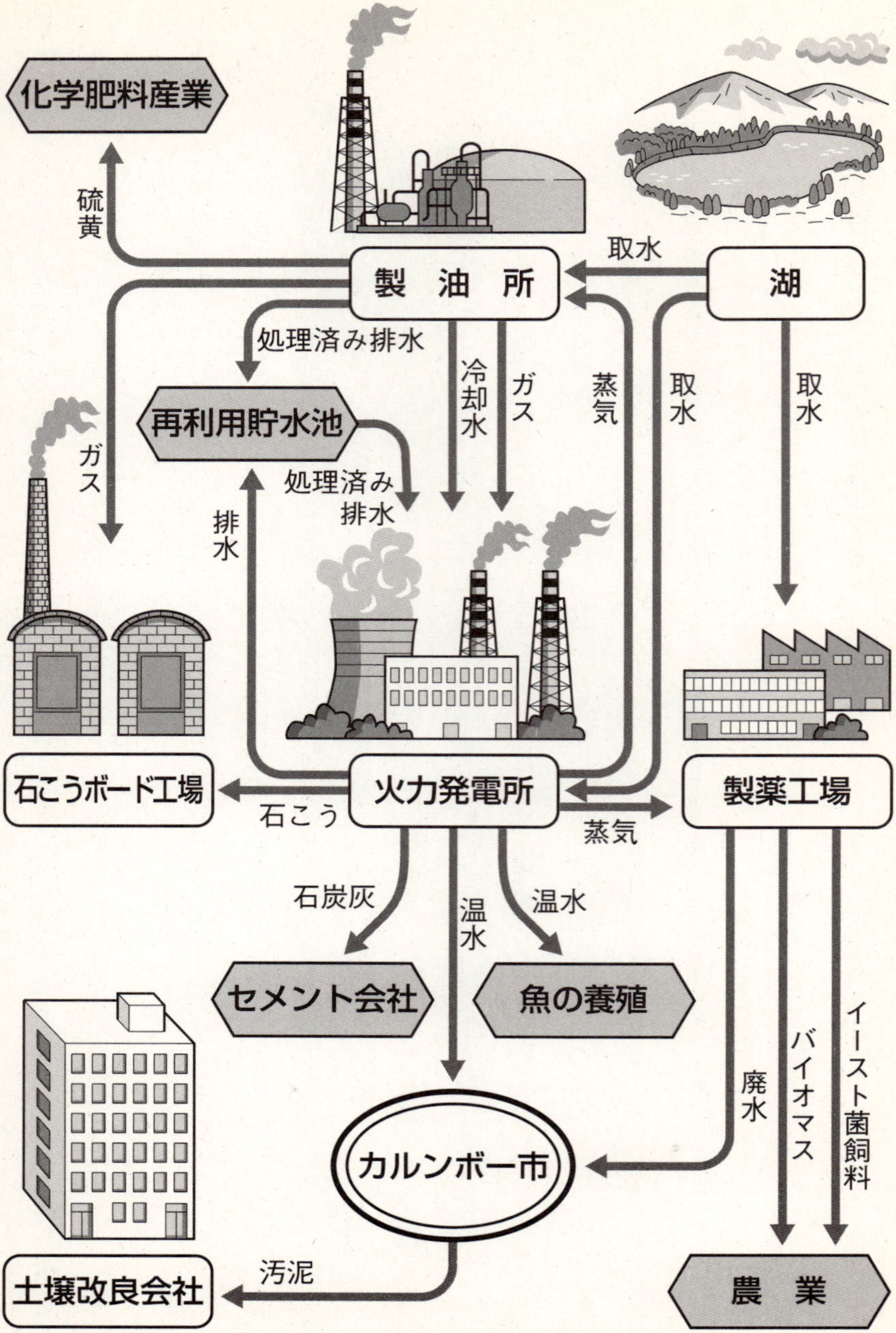

図1　カルンボー工業団地の産業共生の現状

です。これまで工場から出る廃棄物は、廃棄物処理業者に委託して埋め立て処分することが一般的でした。しかし、最終処分場不足とそれに伴う処理コストの上昇、廃棄物による環境汚染、さらに資源枯渇などの制約が厳しくなり、企業としても廃棄物が出れば、委託業者を通して埋め立て処分すればよい、といったこれまでの常識が通用しなくなってきました。廃棄物を処理することができなければ、分別して、原料なり、燃料として利用する以外に方法はありません。

複写機メーカー、富士ゼロックスの竹松工場（神奈川県）のケースをみてみましょう。この工場は、九〇年代初めまで、年間約二〇〇〇トンの廃棄物を出しており、すべて埋め立て処分してきました。しかし不法投棄された廃液がドラム缶から漏れ出し、土壌汚染を引き起こしたニュースがきっかけとなり、同工場は埋め立て処理する廃棄物をゼロにする運動を始めました。幸いにも、今は問題を起こしていないが、将来同工場から出た廃棄物で同様の問題が起これば、会社のイメージを失墜させることになるし、環境破壊の加害者にもなってしまう。廃棄物を埋め立て処理しないためには、廃棄物を素材ごとに細かく分別し、それを原料や燃料として使ってくれる会社を探さなければなりません。

竹松工場は、約一年かけて、工場の各部門から出てくる廃棄物を約七〇種類に分別し、各部門に協力を要請しました。これと並行して、分別した廃棄物を使ってくれる会社探しに乗り出し、約二〇社から協力を得ました。この結果、九二年には、二〇〇〇トンあった埋め立て処分に回す廃棄物は、九三年には五〇〇トン近くに急減、その後も着実に減少し、九七年初めには、ついに埋め立てに回す廃棄物がゼロになり「廃棄物ゼロ工場」を宣言することができました。

この経験は、竹松工場にいくつかの貴重な教訓を残しました。第一は、細かく分別をすると、廃棄物の中には、有価物に転換するものがあることです。たとえば、酸性の廃液とアルカリ性廃液を混入し、ドラム缶の中に入れれば、廃棄物以外のなにものでもありません。

しかし酸性廃液とアルカリ性廃液をそれぞれ区別してドラム缶に入れれば、有価物としてお金を出して引き取ってくれる企業があることが分かりました。金属類なども、プラスチックなどを剥がして純度の高い金属として回収すれば、立派な有価物になります。徹底分別の結果、年間一〇〇〇万円を超える収入が得られるようになりました。

第二は、最終処分場不足が深刻になり、処理代が急上昇したため、経費削減に大きく貢献したことです。九二年当時、廃棄物処理代は一立方メートル当たり六、七〇〇〇円でした。しかしその後、処分場不足が深刻化する中で、処分代も急上昇しました。九七年初めに、埋め立て処理に回す廃棄物がゼロになった時点の処理代は、三万六、七〇〇〇円と六倍前後まで跳ね上がっていました。もし二〇〇〇トンの廃棄物を埋め立て処理していたら、大変なコストアップになっていたことになります。

このタイプの廃棄物ゼロ工場は、二〇〇〇年一二月、日本経済新聞が実施した環境アンケート調査によると、七七社(前年調査二七社)と多くなっています。

第三は**エネルギー革命**です。温暖化の最大の原因である化石燃料については、燃費効率を高め、その消費を抑制する一方、代替エネルギーの開発を急がなければなりません。燃費効率を高めるための燃焼技術としては、CO_2の排出量をこれまでより三割近く削減できる燃費効率の高い日本独自の「高温空気燃焼技術」が開発され、すでに実用化の段階に入っています。トヨタ自動車が世界に先駆けて開発、発売したハイブリッドカーは、これまでの自動車エンジンとモーターを組み合わせることで、ガソリン一リットル当たりの走行距離を二倍（一四キロメートルから二八キロメートル）に引き上げました。コジェネレーション（熱電併用システム）も、燃費効率の向上に大きな貢献が期待できます。このほか、断熱材を効果的に使った省エネ住宅、テレビや洗濯機、エアコンなどの家電製品も省エネ型の製品が増えてきています。

一方、化石燃料に代わるクリーンで再生可能なエネルギー源として、太陽光発電、風力発電、バイオマス発電などが実用化の段階を迎えています。特に太陽光発電は、利用者の増大に伴って、量産化による価格低下が進めば、普及のテンポはさらに早まりそうです。

これから二一世紀へ向けて大きな期待が寄せられているのが燃料電池です。燃料電池は、水素と酸素を化学反応させる時に発生するエネルギーを利用するもので、廃棄物は無害の水だけです。ダイムラークライスラーが、燃料電池搭載の電気自動車を二〇〇三年に量産、発売する計画を発表していますが、日本でもトヨタ、本田、日産などが一斉に燃料電池自動車の開発に乗り出しています。

燃料電池に必要な水素は、化石燃料である天然ガスから取り出すのが一般的ですが、バイオマスから取れるメタノールを改質しても作れます。究極的には水を電気分解して水素を取り出す技術の実用化が必要です。自動車用に燃料電池が利用できるようになれば、家庭用の電力供給にも当然使われるようになるでしょう。今日のような巨大発電所からの集中的な電力供給体制とはまったく異質の、分散型電力供給体制の時代がすぐそこまできています。燃料電池の普及は、これまでの化石燃料と原子力中心の電力供給体制に大幅な修正を迫ることになるかもしれません。

第四は、バッズ課税、グッズ減税を基調とする**税制革命**です。これまで政府は、国家財源を確保するため、労働、預貯金、企業活動など良い行為(グッズ)によって得られた所得に対し、課税をしてきました。所得税、利子所得税、法人税などがそれです。その一方、有害廃棄物、汚染、騒音、交通混雑など健康に害を与えたり、自然環境を破壊する好ましからざる行為(バッズ)に対しては、特別の課税をしてこなかった。こうした既存の税体系を根本的に組み替えることによって、ゼロエミッション社会の構築に役立てることができます。具体的には、所得税や法人税などのグッズ課税を軽減(減税)し、バッズに対しては課税することです。これがバッズ課税、グッズ減税の考え方です。減税のための財源はバッズ課税による税収を当てます。バッズ課税、グッズ減税の考え方は、税収増を目的とするものではありません。あくまで既存の企業行動やライフスタイルの転換を税制面から誘導することにねらいがあり、そのためには増税にならないように税収中立を貫くことが大切です。

このような環境保全を目的にした税制のことをグリーン税制といいます。オランダやデンマーク、スウエーデンなどの北欧諸国は、九〇年代初めに相次ぎCO_2の排出抑制をはかるため、化石燃料の消費に対し、炭素税（一種の環境税）やエネルギー税を課しました。その後の推移をみると、炭素税は毎年のように引き上げられていますが、その財源を所得税などの軽減に当てています。一九九年にはイタリア、ドイツでも石油税や電力税などの環境税を導入し、その財源で労使が折半で負担している社会保険料の引き下げを実施しています。二〇〇一年には、フランス、イギリスも環境税の導入に踏み切りました。

日本でも、環境税を真正面から論議しなければならない時代を迎えていると思います。

最後の五番目が、**ライフスタイル革命**です。私たちは、これまで便利で快適な生活を求め、エネルギーや資源を浪費してきました。二四時間いつでも入れるお風呂、待機機能を備えた電気製品、必要以上に大きな冷蔵庫や自動車、冷やし過ぎの夏場の冷房や冬場の暑すぎる暖房、季節を無視した野菜や果実の栽培、車のアイドリング、使い捨て商品の氾濫――。このような便利さ、快適さに支えられた生活は、一方で大量の化石燃料、天然資源を使うことで賄われています。しかし、そうした生活は環境、資源制約、さらに廃棄物処分場不足などの壁によって破綻に直面しています。これからはエネルギーや資源の浪費を改め、廃棄物の再資源化など有効活用に心がけなくてはなりません。そうしたライフスタイルの転換ができなければ、ゼロエミッション社会の構築などとても不可能です。

ストック重視の経済へ転換を

それでは、ゼロエミッションの手法を取り入れ、現実の日本を資源循環型社会へ変えていくためにはどうしたらよいでしょうか。

表は、フロー重視とストック重視型経済の違いをキーワード群で示したものです。戦後の日本は、フロー重視の経済発展を遂げてきました。フローとは、一定期間に作り出される付加価値の合計です。たとえば、一年間に新たに作り出される付加価値の合計は、GDP（国内総生産）に相当します。企業でいえば、売り上げ高から原材料費、減価償却を差し引いたものが付加価値です。付加価値は、人件費、地代、利潤などに分配されます。これに対しストックとは、一定の時点でみた経済財の存在量のことです。住宅総戸数、自動車の保有台数、預金残高などはストックを表しています。その年に新たに作り出された新規の住宅戸数、新規の自動車の生産台数、その年に増加した預金量などは、フローを示す数字です。次にフローとストックの関係ですが、その年に作られ、消費されなかった財貨は、翌年にストックとして蓄積されます。

さて、戦後の日本は、戦争で多くの住宅や工場を失いました。道路や鉄道、架橋、港湾などの社会資本も破壊されたり、大きな損傷を受け、日本は極端なストック不足経済に落ち込んでしまいました。ストック不足経済のもとで、ストックを短期間に蓄積させる最も効率的な方法は、付加価値を増やすことです。そのためには大量生産、大量消費による高

表　フロー重視とストック重視経済の違い

フロー重視	ストック重視
● 高度成長	● 安定成長
● 大量生産・大量消費	● 適正生産・適正消費
● 大量廃棄	● ゼロエミッション
● 使い捨て製品	● 長持ち製品
● 製造業（ハード中心）	● 製造業のサービス化
● 輸出主導	● 内需主導
● 環境破壊	● 環境保全
● 地下資源枯渇	● 地上資源循環
● 中央集権	● 地方分権

度成長政策が現実的であり、効果的でもあります。企業が付加価値を極大化させる最も安易な方法は、使い捨て商品を次々に市場に投入することです。まだ使える商品をどんどん陳腐化させ、ニューモデルを市場に送り込みます。消費者もそうした商品に飛びつきます。こうして経済がうまく回転を始めれば、エネルギーや資源の浪費と引き換えに、企業は付加価値をどんどん拡大させ、右肩上がりの発展が可能になります。その総和であるＧＤＰも増え、高い経済成長が実現します。

輸出の促進も、高度成長を支えるための有力な方法です。戦後の日本は、発展途上国から割安の価格で原材料を輸入し、それを加工し、付加価値をつけ工業製品として欧米や途上国に輸出をしてきました。輸出を伸ばすためには、設備投資を積極的に行い、近代工場を作って大量生産をしなければなりません。そのための資金は、家計部門の貯蓄が振り向けられました。日本の住宅が先進国の中で、最も見劣りがするのは、良質の住宅をつくることよりも、輸出のための設備投資が優先されてきたことと無関係ではありません。こうして、産業重視(したがって生活軽視型)型で、戦後の日本経済は発展し、ストックも急速に充実してきました。

しかし、ストックが充実し、日本が成熟した経済になると、逆にフロー重視の経済は様々な弊害を生み出し始めました。たとえば輸入抑制、輸出奨励型の産業政策は、輸出主導による高度成長をもたらしましたが、それが今日では、米欧などとの貿易摩擦を激化させる要因になってきました。大量生産、大量消費が吐き出す大量の廃棄物は、処分場不足で行き場がなくなり、各地で深刻な廃棄物戦争を発生させています。中間処理をする焼却場周辺では、猛毒のダイオキシンが発生し、社会問題になっています。化石燃料依存のエネルギー利用は、温暖化の原因を作り出し、資源枯渇化現象も起こっています。

今日の日本は、すでに成熟社会に入っており、住宅も質の面では、なお欧米諸国と比べ見劣りがするものの、総戸数は五〇〇〇万戸を超え、一世帯一住宅を満たし余りある状態になっています。道路、鉄道、港湾、空港、さらに学校や病院、養護施設なども充実してきています。自動車も、必要とする者には、あまねく行き渡っています。一歩家の中に入ると、テレビ、洗濯機、冷蔵庫、クーラーなどの家電製品が所狭しと並んでいます。たんすの中は、様々な衣類であふれ返っています。これ以上モノは要らない、といった気持ちを多くの人が抱き始めています。二一世紀の日本は、フロー重視の経済のもとで貯えてきたストックを有効に活用するとともに、住環境についていては、なおいっそうの質の向上を図るなどを心がけ、ストック重視の経済へ移行していかなくてはなりません。

ストック重視の経済とは、フロー重視経済とは、対極の考え方、政策、行動が必要です。表をもう一度ご覧ください(二九ページ表参照)。

まず、ストック重視経済は、成長のための成長政策は採用しません。フロー重視の経済のもとでは、すでに指摘したように、まだ十分使える製品をどんどん陳腐化させ、無駄を奨励して新製品を次々と市場に投入することが是認されてきました。それが付加価値を極大化させ、企業にとっては業容の拡大、マクロ政策的には高度成長を実現させるための有力な方法だったからです。

しかし、ストック重視経済のもとでは、大量生産に代わって適正生産が重要になってきます。適正生産の一応の目安は、ストックの更新、買い替え、維持・修理・修復などの需要に見合う生産です。IT革命の進展によって、買い替え需要もこれまでの大量生産によるお仕着せから、個人の好みを重視した注文製品の提供が可能になってきます。たとえば、赤いチューリップの花柄を刺繍したセーターが欲しいということになれば、コンピューターグラフィックを駆使して、短時間に注文に応ずることが可能になってきました。技術的には、これまでの技術と比べ一桁も二桁も精密な技術が必要ですが、コンピュータを制御することでそれが可能になってきました。住宅などは、これまでも注文住宅がありましたが、建て売り住宅と比べ、価格面がかなり割高になるのが普通でした。しかし最近では、注文住宅も建て売り住宅に近い価格で売れるようになっています。

自動車などは一定の距離を走ると、買い換えの時期がきます。できるだけ長く利用することが望ましいわけですが、やがて買い換えの時期がきます。冷蔵庫や洗濯機などの耐久消費財についても同様のことがいえます。これが買い換え需要です。買い換えに当たって、たとえば自動車の場合、ガソリン消費量の少ない車（燃費効率の高い車）や低公害車、無公害車に買い換えることができれば、それだけ環境に負荷を与えないで済みます。買い換えに当たっては、冷蔵庫などの耐久消費財についても、できるだけ省エネ型の製品を選ぶことが大切です。

木造住宅の場合は、一般に建築後二五年前後で建て替えられます。これが建て替え需要、あるいは更新需要です。日本の場合は、住宅の質が欧米先進国と比べ、なおかなり見劣りがするため、建て替えに当たっては、良質の省エネ住宅を目指すように心がける必要があります。

一方、道路や新幹線などの鉄道は、すでにストックとしてかなり充実しています。これまでのように、新設の道路や鉄道を造る需要は、相対的に低下し、その分すでに使われている道路や鉄道の維持、修理、修復のための需要が今後急速に膨らんでくるとみられます。そうしたストックの維持・修理・修復のための需要も、安定成長を支える重要なファクターといえます。

このほかに、いつの時代にも起こってくる技術革新需要があります。急速なＩＴ革命の進展によって、パソコン、携帯電話などの需要は急上昇しています。インターネットを利用したＥメールやEトレードも活発になっています。アメリカでは、IT革命に誘発された経済を「ニューエコノミー」と呼んでいるほどです。特にIT革命に支えられた経済は、二〇世紀経済を支えた物質経済に対し、脱物質経済を促進させる要因を秘めていると言われています。ITに支えられた技術革新需要は、脱物質化を促しながら、新しい時代の潜在需要を掘り起こしていく可能性は大きいと思われます。

長持ち製品の開発も重要

企業の製品開発の思想も当然違ってきます。

フロー重視経済のもとでは、使い捨て商品や寿命の短い製品を生産、販売することで企業の収益を高めるために大きく貢献してきました。しかし使い捨て製品は、今後いっそう資源と環境の制約が強まるうえ、消費者の意識も急速に環境重視に変わってきているため、消費者の支持を得られなくなるでしょう。これからは、長持ちする製品を開発し、それで収益が得られるように発想を切り替えていかなくてはなりません。

たとえば住宅メーカーは、フロー重視経済の下では、建築後二五年前後で建て替える木造住宅を作ってきました。しかしストック重視経済の下では、同じ木材を使って一〇〇年持つ丈夫な住宅をつくることを目指さなくてはならなくなります。住宅メーカーにとっては、これまで一〇〇年間で四回の住宅注文が得られましたが、これからは一回だけになります。ビジネスチャンスは四分の一に減るので、経営は成り立たなくなると考えられがちです。しかし、実際はそうではありません。これからの住宅メーカーは、一〇〇年持つしっかりした住宅を作り、その補修やリフォームなどのサービス収入を増やすことで収益をバランスさせればよいわけです。

同じような発想は、自動車や家電製品、家具類などの耐久消費財のメーカーについてもいえます。表の「製造業のサービス化」と書いてあるのがそれです。これからの製造業は、製品をつくり、それを市場で売れば終わり、といった一方通行型の経営ではやっていけません。製品の「ゆりかごから墓場まで」ではなく、「ゆりかごからゆりかごまで」を企業が責任を持つ時代がきています。そのためには、一部の複写機メーカーがやっているようなリース方式が新しい製造業の方向を示しているのかもしれません。複写機メーカーは、ユーザーに対し、複写機を売るのではなく、リースするわけです。定期的に点検を行い、古くなれば新しい複写機と交換します。ユーザーも複写機そのものを購入するのではなく、「写す機能」を買うわけです。古くなった複写機は、メーカーが引き取り、自社工場で解体し、まだ使える部品は再利用し、再利用できない部品は再生利用し、資源の生産性を上げることが可能になります。このようなリース方式が一般化すれば、廃棄物になった場合の処理もメーカーが全面的に責任を持つことになり、責任体制もはっきりします。

製品を長持ちさせるためには、中古市場の強化、拡充、さらに壊れた製品を修理するための修理市場が経済的に成り立つ仕組みを考え出さなくてはなりません。テレビなどの家電製品が故障し、近くの家電店に修理を求めると、「修理代の方が高く付くので、新製品をお求めになったら」

と勧められ、もったいないと思いながら、しぶしぶ新製品を購入した経験をお持ちの方も少なくないでしょう。フロー重視の経済では、好ましいと思われていた行為も、ストック重視経済の下では、許されなくなります。

寿命を終え、廃棄物になった製品は、解体し、再利用できるものは再利用し、再生利用できる素材は再資源化して使う、という視点がますます重要になってきます。そのためには、製品設計の段階から、解体しやすい構造を心がけると同時に、再生利用の難しい素材は最初から使わないなどの工夫が必要です。二一世紀には、製品の製造過程から流通、使用、廃棄に至るすべての段階で、環境負荷をできるだけ少なくするための環境評価（ライフサイクル・アセスメント）が、国際環境規格（ISO14000シリーズ）の重要な柱になってきます。そうなれば、メーカーは、すでに指摘したように、モノを売ってしまえばそれでお仕舞い、といった一方通行型の販売ではやっていけなくなります。モノは最後までメーカーが所有し、ユーザーにはそれをリースするやり方が一般的になってくるかもしれません。それに対応して、ユーザーである消費者も、モノを所有するのではなく、そのモノが持つ機能やサービスを購入する、という新しい価値観を持つ必要があるでしょう。

循環型社会支える法律が続々

日本がストック重視経済へ転換していくことが、資源循環型社会を構築するための欠かせない条件ですが、それを促進、支援する法律、制度が九〇年代に入ってから急速に整い始めています。

循環型社会を促進、支援する法律、制度（数字は、法律成立年）

リサイクル法（再生資源利用促進法）　一九九一年

―環境基本法　九三年

―環境基本計画　九四年（閣議決定）

―環境アセスメント法（環境影響評価法）　九七年

―改正省エネ法　九八年

―地球温暖化対策推進法　九八年

（リサイクル促進関係法）

―廃棄物処理法　一九七〇年（九一年、九七年大幅改正）

―再生資源利用促進法（リサイクル法）　九一年

―容器包装リサイクル法　九五年

―家電リサイクル法　九八年

（その他）

―ＰＲＴＲ法（化学物質管理法）　九九年

―ダイオキシン対策法　九九年

このほか、二〇〇〇年の通常国会で、以下の六つのリサイクル関連法が成立しました。

（リサイクル関連法）

—循環型社会形成推進基本法
—改正廃棄物処理法
—資源有効利用促進法（改正リサイクル法、法律名が変更）
—食品循環資源利用促進法
—建設工事資材再資源化法
—グリーン購入法

フロー重視の経済体制を選択した戦後の日本は、産業を振興し、輸出を奨励するための様々な税制優遇措置を盛り込んだ法律を成立させました。たとえば、一九五〇年代には、重化学工業を促進させるため、「重要機械等の三年間五〇％の割増償却制度」、輸出振興のために「輸出所得の特別控除制度」などが作られました。さらに六〇年代に入ると、「海外取引等割増償却制度」、「海外市場開拓準備金制度」、「技術等海外取引の所得控除制度」など輸出促進のための優遇税制に厚みが加わりました。また資源開発のためには、「減耗控除制度」（探鉱準備金及び探鉱費の特別所得控除）も創設されました。このような様々な税制優遇措置（その大部分はすでに廃止）が、戦後の輸出主導型の高度成長を実現させるうえで、大きな役割を果たしました。それが結果として環境を破壊し、資源を枯渇させ、大量の廃棄物を生み出すことになるとは、当時考えられもしませんでした。

しかし、九〇年代に入ってから制定された法律は、明らかにそれ以前の「いけいけどんどん」

型の法律とは異なり、循環型社会の構築という目的を視野に入れたものであることが分かります。

もちろん個々の法律の中身に立ち入ると、不十分な部分も少なくなく、法的環境インフラづくりは、全体としてまだ改善の余地がたくさんあります。しかし、不完全な部分は今後、必要に応じて中身を強化、充実させ、より完全な姿に変えていかなければなりません。

地域のゼロエミッションガイドライン

ゼロエミッションを目指すための三つの原則

地域が、ゼロエミッションを目指す場合、次の三つの原則が必要です。

第一は、地域循環の原則です。地域で必要なエネルギーは地域で調達する、地域で排出する廃棄物は地域で処理する原則、地域で生産、製造されたものはできるだけ地域で消費する原則です。

第二は、住民参加の原則です。地域をゼロエミッション化する主体は、地域住民です。地方自治体がいくら熱心でも、住民にゼロエミッション社会を築くのだ、といった強い気概がなければ、循環型社会の構築はできません。

第三は、地域文化の保存と新しい付加価値の創造です。それぞれの地域には、長い歴史と伝統があります。歴史に裏付けられ、その地に根づいた生活習慣や労働形態、自然との接し方について、地域の特性を生かした合理的なものが少なくありません。しかし、戦後の高度成長の過程で、そうした貴重な文化遺産は軽視され、場合によっては捨て去られてきました。ゼロエミッション社会を構築するにあたって、改めて、そうした文化遺産を見直し、今日の生活にどのように生かすことができるかを検討する必要があります。

以下、三つの原則について、具体的に考えてみましょう。

1 地域循環の原則

① 分散型エネルギー体制

地域が必要とするエネルギーは地域で調達する、これが分散型のエネルギー供給体制です。なぜ分散型供給体制が必要なのでしょうか。私たちの生活に必要なエネルギーは、石油

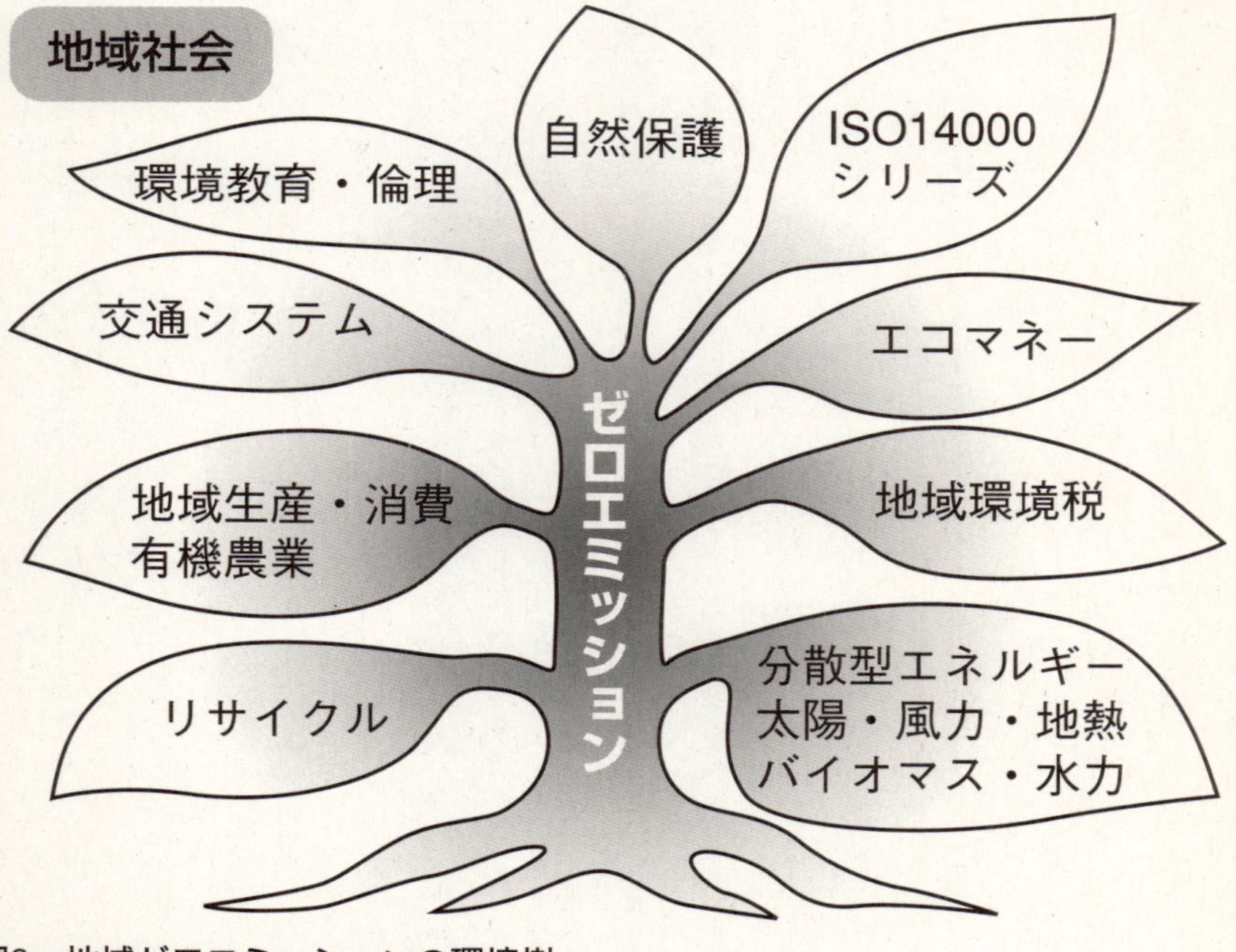

図2　地域ゼロエミッションの環境樹

にしても二次エネルギーである電力にしても、十分供給されています。それなのになぜ今、分散型エネルギー体制を整備しなくてはならないのでしょうか。現状の体制では、なぜいけないのでしょうか。このような疑問が、皆さんの中には少なからずあるのではないかと思います。その疑問に対する答えは、化石燃料と原子力に支えられた今日のような恵まれたエネルギー供給体制は、持続不可能な供給体制で、いつまでも続けることができないからです。

二一世紀を展望すると、石油はあと四十数年で枯渇すると推定されています。原子力発電も、住民の反対で、今後どこまで、立地できるかわかりません。それに原子力発電の原料になるウランでさえ、二一世紀中に底をついてしまうかもしれません（ウランの推定可採年数は約六五年）。つまり今日の潤沢なエネルギー供給は、持続不可能な供給体制に支えられているわけです。このような体制を未来永劫続けることは不可能です。五〇年、一〇〇年先には、太陽光や、風力、水力（小型発電）、地熱、バイオマス、さらに水素エネルギーなどの再生可能な自然エネルギーに依存しなければ生活ができなくなる時代が必ずくるでしょう。

今日の日本は、一〇電力体制の下で、地域ごとに発電拠点が整っており、そこから各地に安定的に電力が供給されています。エネルギー源は、石油、石炭、ＬＮＧ（天然ガス）など化石燃料が中心で、電力供給の約五五％を占めています。一方、電力供給の約三五％を占める原子力発電は、過疎地に立地され、東京や大阪などの大消費地に送電されています。しかしこれからは、過疎地にさえ立地することが難しくなっています。数年前、新潟県の巻町に原発を作る計画がありましたが、住民の反対で挫折してしまいました。

このようにみてくると、長い歴史の過程で、今日のような恵まれた電力供給体制は、二〇世紀から二一世紀前半にかけてのほんの一瞬に過ぎないことが分かると思います。私たちは、持続不可能な化石燃料に依存して夢の中のつかの間の豊かな生活を楽しんでいるわけです。

石油の枯渇、原発の立地難、それより早く地球温暖化対策として化石燃料の使用が難しくなるかも知れません。そうなれば、今日の安定供給体制は、砂上の楼閣のように崩れ去ってしまうでしょう。そのためには、余裕のある今のうちに、再生可能で、クリーンなエネルギーを活用する技術を開発し、実用化する道を見出すことが重要な課題になってきます。分散型エネルギー供給源としては、コジェネレーション、燃料電池発電、太陽光発電、風力発電、地熱発電、小型水力発電、さらにバイオマス発電などがあります。これからの時代は、分散型エネルギーの効率的な運用、あるいは複数の分散型エネルギーを上手に組み合わせて使う「ベストミックス」を積極的に考えていかなければなりません。温暖化対策のために、化石燃料から脱化石燃料へ向かう過渡的過程として、CO_2の排出量が相対的に少ない天然ガスの利用を増やしていくことも必要です。

分散型エネルギーは、化石燃料にはないいくつかの特徴があります。第一は、CO_2の排出量が相対的に少ないこと、第二に、再生可能なエネルギーであること、第三に、小型の施設のため、周辺環境への負荷が相対的に小さいこと――などがあげられます。

分散型エネルギーは、規模が小さく、利用範囲も限定されているため、石油などの化石燃料が豊富にあり、エネルギー価格が安い時代には軽視されてきました。しかし、石油資源の枯渇や、CO_2による温暖化などの弊害が深刻になる中で、分散型エネルギーへの期待が高まっています。

地域が分散型エネルギー施設を構築していくためには、長期的な視点で取り組み、経済的にも採算が合うような仕組みを作り上げる必要があります。デンマークでは、石炭火力発電への依存を低め、風力などのクリーンエネルギーへの転換を政策的に誘導しています。現在同国では、電力供給の約一割を風力発電が占めています。デンマーク政府は、風力発電を含め、クリーンで再生可能なエネルギーの割合を、将来は五〇％程度まで引き上げる野心的な目標を掲げています。そのために電力会社に対し、風力発電等からの電力を購入するよう義務づけています。デンマーク各地を歩くと、畑の中や海岸沿い、さらに海上にまで風力発電が設置されています。何人かが集まって資金を出し合い、風力発電に投資するミニ起業家も増えています。投資に伴う配当金は、預金金利よりも高く、資金運用対象として効率的だ、といった声も聞きました。

ドイツの環境首都といわれるフライブルク市は、南ドイツに位置し、太陽が燦燦とふりそそぐ明るい土地柄です。ここでは、小学校や中学校などの教育施設や公民館などの公共施設、さらにサッカー場や一般住宅の屋根など五〇個所近くに、太陽光パネルが張り巡らされており、ドイツ一の太陽光発電の町になっています。サッカー場の観覧席屋根に設置された発電パネルは、会社組織で運営されており、個人がパネルの一部を購入しています。売電した利益は、購入者に分配されますが、サッカー場の入場券として支払われることもあるようです。

フライブルクの環境局の幹部は、「太陽光発電」は、現在のわれわれには、必ずしも必要ではないかもしれない。しかし次の世代が利用できるように、今のうちに色々実験し、実用化にこぎつけておくことが、現代人の義務ではないか、と指摘していました。

滋賀県環境生活協同組合は、「湖国菜の花エコプロジェクト」に取り組んでいます。環境を掲げた日本で唯一の生協です。琵琶湖の水質悪化を防ぐため、無リンの粉石鹸を使う運動や家庭排水を直接、琵琶湖に流さないための合併浄化槽の普及活動などを展開してきました。そしていま、力を入れているのが、菜の花エコプロジェクトです。このプロジェクトは、ナタネ油をディーゼル代替油として利用する運動です。秋、休耕田にナタネを蒔くと、四月には一面の菜の花畑が出現します。観光客の誘致にも役立ちます。六月にナタネを刈り取り、搾油してナタネ油を作ります。ナタネ油を精製して、直接ディーゼル代替油をつくってもよいのですが、それではもったいない。そこでナタネ油を、まず学校給食や一般家庭で天ぷら油として利用します。使い終わった後のナタネ油(廃食油)で、ディーゼル代替油を作ります。

植物性のディーゼル代替油が使われれば、その分だけ、CO_2の排出量の節約にもなります。確かに、代替油も燃焼の過程でCO_2を排出します。しかしそのCO_2は、翌年の菜の花に吸収されるので、ごく大雑把にいって、年間でみた大気中のCO_2の収支は、プラスマイナスゼロになります。これに対し、化石燃料のディーゼル油(軽油)から排出されるCO_2は、大気中に蓄積されていきます。だから、植物性の代替油で置き換わった分だけ、CO_2の排出は抑制されるこ

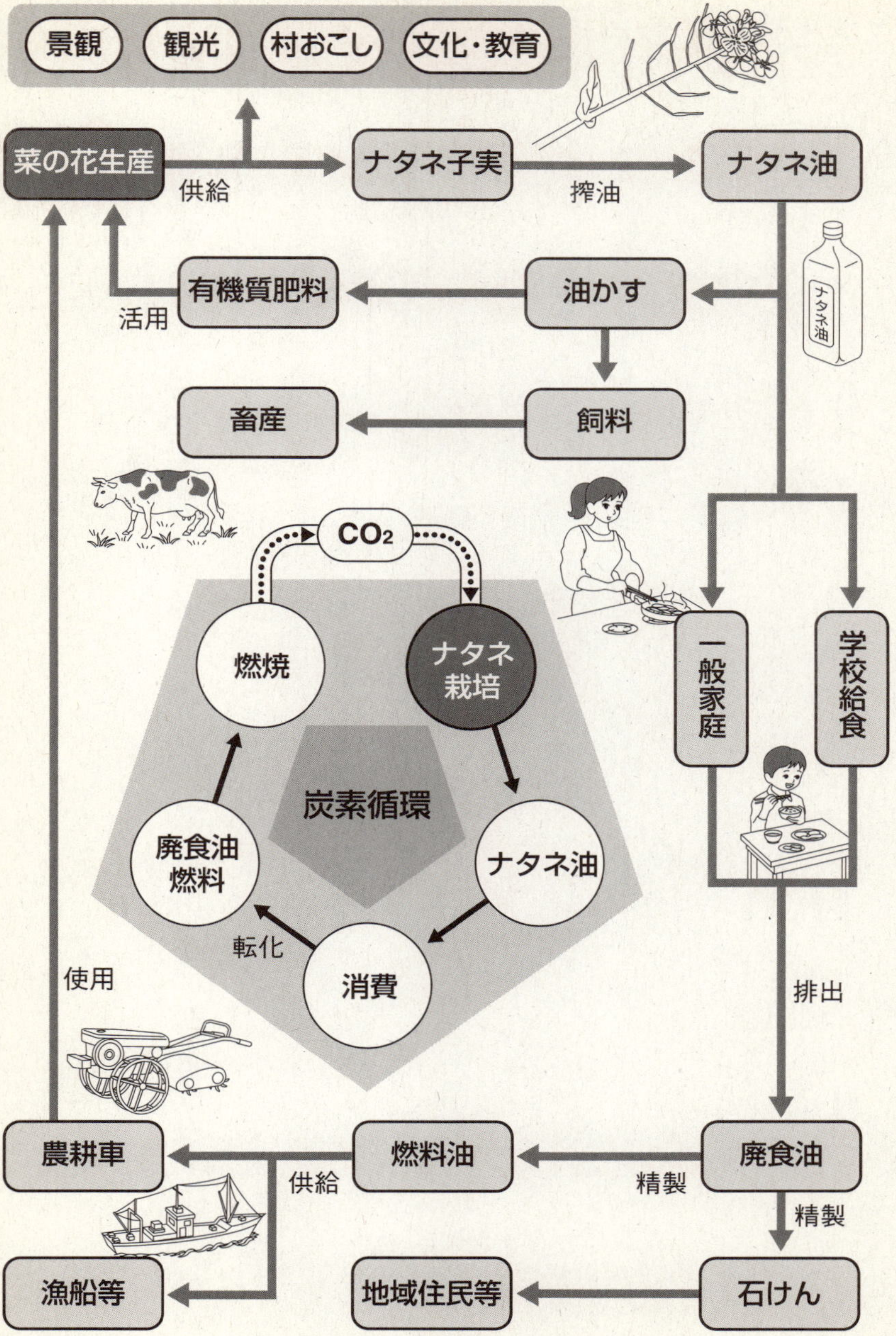

図2 「湖国菜の花エコプロジェクト」の資源循環サイクル

とになるわけです。

このような、バイオを利用したエネルギーも分散型エネルギーのひとつといってよいでしょう。

②地域で出す廃棄物は地域で処理する

地域で出す廃棄物を地域で処理する原則も大切です。私たちが出す生ごみなどの一般廃棄物の多くは(ごみ)は、これまで焼却炉で処理し、処分場に運んで埋めてしまえばそれで終わり、といった一方通行型の考え方で処理されてきました。ごみを出せば、自治体の清掃車がきてどこかに持っていってくれる、それが、どこで、どのように処理されているかなどはまったく関心がない、こんなごみに無関心な人が今日でも結構います。

しかし、最近では、増え続けるごみを処分したくとも、処分場が物理的に不足してきました。厚生省の調べによると、一般廃棄物の処分場は、全国平均であと一一・二年ほどで一杯になってしまいます。産業廃棄物の場合は、三・一年程で処分場がなくなるとみられています。

最近では、ごみの焼却場や処分場から排出される有毒物質のダイオキシンが、健康に悪いということで、大きな社会問題になっており、処分場の立地はますます困難になっています。このため、ごみの焼却場や最終処分場は「迷惑施設」として見なされ、住居の近くに建設が予定されると、すぐ反対運動が起こります。ごみは出すが、自宅の近くに処分場ができるのは困る、といった「NIMBY」(ノット・イン・マイ・バックヤード)思想が蔓延しています。

一九七〇年代の初め、東京湾の巨大ごみ処分場、「夢の島」にごみを運ぶため、他の地域から大型トラックが続々とやってきて、地元江東区の住民の強い反発を招いたことがありました。特に区内への清掃工場建設反対の杉並区民と、自区内処理を求め、江東区へのごみの持ち込みを拒否する江東区民が対立し、東京ごみ戦争が起こっています。八九年には、千葉市が市内で処理できなくなったごみを青森県田子市の処分場に大量に埋め立て処分していたことが分かり、問題になりました。これからは、地域で排出した廃棄物を別の地域に運んで処理することは、きわめて難しくなるでしょう。負担の平等が重視される時代になってくるからです。

自分の住区で出すごみは、自分の住区で処理する原則をはっきり確立する必要があります。この原則を受け入れることで、初めてごみの減量、リユース、リサイクルの輪が広がります。「私、ごみを出す人、あなた、ごみを処理する人」といった分業関係が強固な社会では、ゼロエミッションの実現は不可能です。廃棄物を出す人は、同時に処理する人であることが望ましいわけです。

地域で出す廃棄物を地域で処理するメリットは、次の三点です。まず、地域住民の共通意識が培われることです。できるだけ廃棄物は出さない、どうしても出す場合は、徹底的に分別して出す、まだ使えるものは修理して再使用する、資源に再生できるものはリサイクルさせる、というゼロエミッションの考え方を住民が共有することで、廃棄物の資源化は大幅に前進すると思います。

熊本県の水俣市では、資源ごみを二四種類に分別しています。生ごみのコンポスト化も徹底させています。また婦人会が、地元のスーパーマーケットに働きかけて、食品包装用のプラスチックトレイの廃止を呼びかけ、一部合意をとりつけました。この結果、三年で満杯になるはずだった処分場が、一〇年近く延びました。三島市では、清掃センターに廃棄物として持ち込まれる自転車を修理して市の職員が利用しています。廃棄物として持ち込まれた自転車を解体し、まだ使える部品を取り出して自転車を再生するわけですが、廃棄自転車三台で、一台の利用可能な自転車が出来上がるそうです。自転車の組み立ては、技術を持っているシルバーの方がボランティアとしてやっています。約五〇台の再生自転車を、職員が日常活動の足として利用しています。東京の板橋区では、修理した自転車をモンゴルの子供たちに送って喜ばれています。

以上は、主として家庭から排出される一般ごみの処理ですが、地域に立地する企業が排出する産業廃棄物については、工場内処理の原則が必要です。東京や大阪などで排出される産業廃棄物が東北や九州に持ち込まれ、処理されるケースがまだかなり見られますが、好ましいことではありません。瀬戸内海の「豊島」に大量の産業廃棄物が持ち込まれ、島およびその周辺海域を汚染してしまいました。その現状回復には、膨大な費用が必要です。同じような過ちを繰り返さないためにも、企業は企業内処理の原則を遵守しなければなりません。

企業活動を行えば、多かれ少なかれかならず廃棄物がでます。それを資源化するためには、自分の企業が排出する廃棄物を素材ごとにきちんと分別し、それを資源として使ってくれる企業を探すことが大切です。そのためには、企業は、どのような廃棄物を出しているかきちんと公開する必要があります。その点で、企業はこれまで十分だったとはいえません。特に有害廃棄物などについては、公表を避ける企業が多かったのも事実です。廃棄物を公開することで、企業秘密（たとえば製品の特性など）が保てなくなるとの懸念を表明する企業もあります。しかしそれを理由に有害廃棄物を隠し、密かに処理することはこれからは許されなくなるでしょう。リサイクルができないような素材は、それが便利で価格上有利であっても、はじめから使わない、といった確固とした環境倫理の確立も大切です。

自分の企業が排出する廃棄物の素材別の分別ができたとしても、それを燃料なり、原料として使ってくれる企業を探すことは、容易なことではありません。特にこれまでの企業は、同業同士の交流はあっても、異業種との交流はあまりありませんでした。多くの場合、廃棄物を資源として使ってくれる企業は異業種企業です。そこで異業種企業の交流の場が必要になってきます。交流の仲介役として、地方自治体や商工会議所などの経済団体の果たす役割は大きいと思います。その地域に立地している企業を全体的に把握することができるし、中立的な存在として、日常的に企業の相談にのっているからです。

地方自治体や経済団体が、この役割を果たすためには、「廃棄物の資源化地図」を作成する必要があります。つまり、どの企業がどのような廃棄物を出しているか、どの企業がその廃棄物を資源として使えるかなどについて、一目で分かるようなマトリックスができると便利です。

廃棄物の資源化地図は、厳密にその地域だけに限定せず、周辺の地域が作成している同様の地図を交換し合って、弾力的に対応していくことが効果的だと思います。埋め立て処分に回すごみをゼロにしたゼロエミッション工場が各地にできています。アサヒビールやキリンビール、富士ゼロックス、リコー、さらにトヨタ自動車や本田技研などの自動車メーカーもゼロエミッション工場を完成させています。

国連大学では、二〇〇〇年四月、国連大学ゼロエミッションフォーラムを結成しました。これはゼロエミッションに関心のある企業、地方自治体、学会がそれぞれフォーラムをつくり、三つのフォーラムの集合体が、国連大学ゼロエミッションフォーラムになるわけです。このフォーラムの大きな特徴のひとつが、三者合体の意見交換の場になることです。異業種の企業代表、専門分野を異にする学者、科学者、研究者、さらにそれぞれの地域特性を抱えた地方自治体の代表が、一同に会し、経験や課題を話し合うことで、新たな飛躍が期待できると思います。

③地域で生産、製造されたものは地域で消費する

地域循環の三番目は、地域で生産、製造されたものは、できるだけ地域で消費する習慣を定着させることも大切です。経済のグローバル化が進み、穀物だけではなく、野菜や果実、魚介類など食料品の多くが海外から輸入されています。さらにインターネットの普及に伴い、地球の裏側から自分の好みの製品を取り寄せることも可能になっています。

数年前に札幌に出張したとき、こんな経験をしました。居酒屋で酒のつまみに明太子が出てきました。この明太子は、九州から持ってきたものですが、原料に使うタラコは、北海道産です。つまり北海道で獲れたタラからタラコを取り出し九州まで運び、そこで明太子に加工して再び札幌まで運んできたものです。このやり方は、現在の市場経済の下では立派に成り立ちます。なぜ成り立つかといえば、輸送コストが、人件費や設備費などと比べ格安になっているからです。

しかし資源枯渇や温暖化対策として、化石燃料の使用が制限されるようになれば、輸送コストが現在の二倍、三倍に跳ね上がる事態も将来予想されます。そうなれば、このような分業体制は、あっという間に崩壊してしまうでしょう。その場合、企業はもはやタラコを北海道から九州まで運び、それを加工して再び北海道へ運んだりはしなくなるでしょう。北海道に工場を作り、九州から明太子に加工するためのノーハウを取り寄せ、北海道で生産することになるでしょう。そうすれば、輸送コストが大幅に節約でき、CO2の排出量も確実に減少します。

地元で穫れた野菜などの食料品をできるだけ地元で消費することは、輸送コストを軽減させるだけではありません。地元の農業振興にもなります。地元で穫れた農産物を地元で消費する習慣が定着してくれれば、地元の農民と消費者との連携も深まります。滋賀県・愛東町の道の駅、マーガレットの市場では、地元農家が収穫したジャガイモやナス、キュウリなどの野菜の袋に生産者の名前が付いています。自分のつくった作物に自信があれば、堂々と名前を付けて販売すればよいのです。消費者も、あの農家のつくった農産物は安心だ、といった信頼感が形成されてくればしめたものです。

世界的に土壌や水質が汚染されています。外国から輸入された農産物の中には、どのような環境の中でつくられたのか、知りたくとも知り得ないケースがほとんどです。その点地元で作られた農産物なら、いつでも生産現場を見ることができ、この米は有機栽培で作られた米だとか、低農薬米だとか、自分の目で確かめることもできます。多少割高であっても、地元で穫れた生産物を購入することで、安心を買うこともできます。もちろん地元の農家にとっても、現金収入が増えるので歓迎です。

消費者と農民の信頼関係が高まれば、地元消費者が出す生ごみなどをコンポスト化し、堆肥や土壌改良剤に加工して、農産品の生産に役立ててもらうことも可能です。その代わり、消費者は地元で作られた農産物を優先的に購入し、消費することになれば、生ごみなどの有機物質のゼロエミッション型の物質循環が成立します。

山形県・長井市では、「レインボープラン」というネーミングで、すでにそうした実験に取り組んでいます。同市の場合は、(1)家庭からの生ごみや事業所からの産業廃棄物(有機質原料になるもの)、畜産廃棄物(家畜の屎尿や糞など)を原材料として、堆肥生産を行う、(2)堆肥の農地還元により、化学肥料などに頼らない、生態系に即した土づくりを行い、有機農産物を作る、(3)地元で生産された安全な農産物を地元消費者の食卓へ提供していくことで、健康な食生活を培う、(4)生態系を生かした農業の実践により、生み出される農産物をブランド化し、付加価値の高い生産により、農業の担い手の育成を図る——などを目標にしています。

農産品については、もうひとつだけ付け加えたいと思います。現在、日本の食糧品の需給率は、四〇%程度です。米や小麦、トウモロコシなどの穀物の需給率は、三〇%を割り込み、先進国の中で最低です(米の自給率だけは、一〇〇％以上ありますが)。なぜ、日本の食糧需給率が、先進国で最低の水準になってしまったかといえば、積極的に食糧の自由化を進めてきたからにほかなりません。消費者にとって、安い食糧品が得られれば、国内産にこだわらない、積極的に輸入品で賄おう、というのがこれまでの考え方でした。それが、消費者の賢いお金の使い方であったわけです。

しかしこうした考え方は、地球の限界が明らかになる以前に言えたことです。地球環境が今日のように悪化し、将来、安定的な食糧確保が難しくなることが予想されるようになると、市場原理だけに頼っていると不安です。

たとえば、地球の温暖化です。ＩＰＣＣ(気候変動に関する政府間パネル)が、今年に入って発表した気候変動に関する第三次報告書によると、二一〇〇年に地球表面の平均温度は、一・四度、最悪の場合は五・八度も上昇すると予想しています。約六年前の九五年一二月に発表した第二次報告では、一度から三・五度の上昇でしたから、事態はその時よりもかなり悪化していると見ているわけです。

温暖化による気候変動が激しくなることが予想される今世紀は、旱魃や洪水などが不定期、かつ頻繁に発生する心配があります。乾燥化の兆しが見られるアメリカの穀倉地帯では、不作の年が多くなってくるかも知れません。豊作の場合は問題がありませんが、万一不作になった場合、アメリカなどの食糧供給国は、自国民を犠牲にして、輸入国に対して供給責任を果たしてくれるでしょうか。穀物を市場経済に委ねれば、競争力のない発展途上国の多くは、アメリカなどの供給国に全面的に依存しなければならなくなります。万一、供給国が不作に襲われた場合、食糧の輸入国は、深刻な食糧不足に見舞われることになるでしょう。気候変動の激化が予想される今世紀には、万一に備え、各国とも食糧自給率を自国民を飢えさせない程度まで引き上げておくことが、食糧安全保障上重要になってきます。日本の場合、米の自給率は一〇〇%を超えています。だから、他の食糧品は輸入でもかまわないではないか、という考え方もあります。しかし、米だけあればよいというものではありません。トウモロコシのような家畜用飼料が輸入できなくなれば、畜産農家は大きな打撃を受けるでしょう。食糧品の需給率をもう少し引き上げておくことが、食糧危機が予想される今世紀には必要です。このような戦略的な視点からも、食糧品はできるだけ地元で生産し、地元で消費していくことが大切です。

工業製品については、農産品のようにはいかないでしょうが、できるだけ地域で生産された製品を優先的に購入、消費していこうとする気持ちが大切です。

2 住民参加の原則

① コミュニティ・スピリットの復活

地域ゼロエミッションを促進させるためには、住民の一人一人がコミュニティ・スピリット（愛郷精神）を取り戻すことが大切です。自分の住む地域を、きれいで住み心地のよい地域にするために、住民自ら汗を流すことを厭わない気持ちが必要です。地域の自然と文化を愛し、それを先祖から受け継いだ貴重な財産として、大切に守ろうとする気概を持たなければなりません。

戦前の日本には、それぞれの地域の特性を生かした、特色ある地方文化が各地で花を咲かせていました。地域住民は、それを誇りにし、住民の間には、コミュニティ・スピリットが横溢していました。日本史家の網野善彦さんによると、日本人は、島国であり、それ故に均質的な単一民族、単一国家であるという常識がまかり通っているが、この常識は、事実に反しているそうです。むしろ日本人の先祖は、海を通して東西南北の諸地域と長年にわたり、ヒトとモノ、文化の交流を積極的に行い、日本列島の各地に独自の個性に溢れた文化を形成していた、と指摘しています。

しかし、戦後の高度成長の過程で、地方の人々が、東京や大阪などの大都市に流入した結果、地方が急速に寂れました。各地に過疎地が生まれ、地方の文化を支えてきたコミュニティ・スピリットが、急速に崩壊していきました。地方には高齢者が残され、活気も失われてしまいました。

コミュニティ・スピリットにとって代わり、日本人の心の支えになったものは、愛社精神、ないし会社主義でした。終身雇用制度に守られ、会社に忠誠を誓う、会社の発展のために全力で働くことが何よりも優先されるようになりました。家庭を犠牲にして、会社のために尽くすことが美徳とされ、企業戦士、会社人間、といった言葉が流行になったりしました。

日本が世界の奇跡といわれるような経済発展を遂げたのは、そうした愛社精神の存在が大きく貢献したと思います。企業が大きくなることは、そこで働く社員の所得も増えることを意味しており、企業戦士は、寝食を忘れて働いてきました。

会社主義、愛社精神は、経済の発展には大きく貢献しましたが、自分の所属する地域の自然環境を保全するとか、よくしようとする気持ちを著しく希薄にさせてしまいました。特に都会の会社に勤めるサラリーマンは、一日の大半を仕事で過ごすため、住居は寝に帰る仮の宿に過ぎません。転勤も多く、家族も地域に溶け込まないうちに、引越しをすることが頻繁に起こりました。

こうした会社中心の生活では、自分の住む地域の環境をよくしようとする気持ちがなかなか育ちません。しかし、幸いなことに、九〇年代に入り、日本人の気持ちに大きな変化が生じてきました。バブルがはじけた後、日本は長期不況に陥りましたが、その中で成長よりも環境を重視する人々が増えてきていることです。都会のサラリーマンの中には、会社を辞め、自然に恵まれた地方へ生活の場を移す者が増えています。定年退職を機に、田舎に戻る人も目立ちます。地方へ人材が戻り始めています。

一方、地球の限界が明らかになるにつれ、各地で環境、循環をキーワードにした地域おこしが活発化しています。戻り始めた人材と地方の活力を結び付けるものは、地域をより住みよい場所にしよう、と願うコミュニティ・スピリットです。地域ゼロエミッションを成功させる条件の第一は、コミュニティ・スピリットの復活です。

②全員参加が条件

地域ゼロエミッションを成功させるためには、地域社会を構成する住民、企業、地方自治体、各種のNGO、NPOなどの全員の参加が必要です。それぞれの構成員が、役割を分担し、協力し合うことが大切です。自分は体を動かさず、「だかがやってくれるだろう」などといった「あなた任せ」では、物事は前に進みません。そのためには、それぞれが情報を公開し、情報の共有化を図ることが不可欠です。またゼロエミッションを実現するために、何をどのような手順でやるか、そのタイムスケジュールを全員参加で作り、それぞれが責任を持つことが大切です。

地方自治体の役割として重要なことは、長期ビジョンの作成とコーディネーター役です。分散型エネルギー体制の確立や廃棄物の資源化などに取り組む場合、行政としての長期ビジョンが必要です。長期ビジョンの作成に当たっては、地域社会の構成者の意見を参考に進めなくてはなりませんが、最終的なビジョンは行政が責任を持って作成し、議会の承認を得なければなりません。

次に、ビジョンを実現していくためには、広く住民や企業に呼びかけ、参加と協力を求めなくてはなりません。一般に、市町村などの基礎的自治体の職員数は、住民約一〇〇人に対して、職員一人といった割合です。計算上からいえば、職員一人が、一〇〇人の住民に接触し、説明することで目的のかなりが達成できることになります。そうはいっても、職員はそれぞれ仕事を抱えており、そんな暇はないといった反論がありそうです。しかし地域のゼロエミッションを目指す場合、すべての仕事はなんらかの形で関ってきます。

北九州市や水俣市など環境に熱心な地域では、市職員が勤務時間外の夜間に、住民の集会に手分けして出席し、市の環境政策の目的を何度も説明してきました。北九州市のある職員は「不況で市にはお金はないが、汗を流すことはできます」といっていました。

住民の役割は、やはりエネルギーを浪費しない、ごみをできるだけ出さない、出す場合は、素材ごとにきちんと分別して、資源化できるように努力することが第一歩です。ごみを出さないためには、買い物に当たってできるだけごみになるような製品を買わない、買い過ぎない、食事などは作り過ぎないなどの配慮が必要です。ドイツなどでは、母親が子供と一緒にスーパーに行って、この食品は過剰包装だから買わないとか、缶ビールではなく、ビンビールを選ぶなど環境ショッピングを環境教育の一環としてやっているところもあるそうです。

一方、マイカーなどの利用に当たって、自転車で間に合うところは自転車を使う、車を使う場合は、できるだけ相乗りを心がける、アイドリングをしないなどの生活慣習を定着させることも大切です。さらに車の買い替えに当たっては、環境負荷の少ない低公害車、できるだけ燃費効率の高い省エネ型の車を選ぶことも忘れてはなりません。

企業も有害物質を使わない、工場内部から埋め立てに回すような廃棄物を出さない、製品のリユース、リサイクルを心がける、長寿商品の開発を促進する――などを心がける必要があります。

3 活力ある社会と地域文化の創造

① 全員プラス社会の実現

地域のゼロエミッションで大切なことは、地域の構成員すべてがその恩恵を受けられなければなりません。地方自治体は、住民や企業、NGOやNPOなどの意見を参考にしつつ、その地域の中・長期ビジョンを作成し、その実現のための手段、タイムテーブルを明確に示さなければなりません。将来の姿がはっきりすれば、住民も企業もその目標に向かって進むことが可能になります。企業ばかりが栄えて、住民が劣悪な自然環境の中で苦しんだり、逆に住民の反対で企業が必要とする設備投資ができないようでは困ります。資源循環の輪の中で、企業は多様な仕事を創り出し、雇用を増やす努力をすべきです。住民も企業活動になんでも反対という姿勢ではなく、環境負荷の少ない企業活動の実現のために、積極的な提案、忠告をしていかなければなりません。

ゼロエミッション社会づくりに取り組むことで、企業は適正な利益を得る。住民は雇用を確保できる。地方自治体は、福祉や環境、さらに社会資本の形成など地域に必要な財政需要を満たすだけの税収を確保できる。いわば、地域社会の構成者すべてがプラスになるようにしなければ、ゼロエミッション型の地域社会づくりは、成功したことにはなりません。

②情報公開の徹底

そのためには、徹底した情報公開が必要です。日本の行政はこれまで、情報公開に慎重でした。それどころか情報を独占し、その上で官が民を指導する行政指導が行われてきました。しかし、時代は大きく変わっています。すでに情報公開法も制定、施行されています。これからの地方行政は、住民に手の内をすべて公開し、その上で必要な施策を進めていくことが大事です。地域のゼロエミッションを進めていく場合も同じです。ゼロエミッションに関する様々な情報、たとえば役所の担当部署、廃棄物の種類と数量、ごみの回収方法や焼却と最終処分場の利用状況、大気、河川、土壌などの汚染の程度、地域のエネルギー消費量、再生可能なエネルギー施設の新設状況などをリアルタイムで収集し、公開することが必要です。

そのひとつのテキストとなるのが、東京都・労働経済局の実験です。これまでは行政が政策ビジョンを作る場合、専門のコンサルタントに依頼して原案を作成し、それを審議会などで微調整し、完成させるという手法が一般的でした。それに対して労働経済局では、「なぜビジョンを創るのか」という当初の問題意識をはじめ、政策形成過程でのあらゆる情報を公開して、都民と一体になってビジョンをつくりあげる実験をしました。

具体的には、東京都の「産業振興ビジョンの策定」に当たって新しい方法を採用しました。この策定作業にあたって、都労働経済局は、IT(情報技術)を用いたダイナモ(言葉の意味は、「発電機」)という手法を開発しました。

ダイナモの仕組みは、次のようになっています。

1　東京都:ビジョン策定の目的、東京の産業の現状などをホームページに掲載し、都民に政策提案(チャレンジ・プロジェクト)を呼びかけます。

2　都民:政策提案や活性化事例を提案します。

3　東京都:それぞれの提案をホームページに掲載するとともに、各プロジェクトにメーリングリスト(メール会議室)を提供して、活性化を支援します。

4　都民:各地域、各グループの活動が前進し、ネットワークが広がります。

5　東京都:各グループの活性化の状況をホームページに反映させます。

6　都民:これらを見た都民が、また新たな提案や意見を出します。

以上のように、情報のフィードバックにより、「活性化の芽」は現実の政策へと成長し、実行に移されるとともに、産業振興ビジョンの政策目標や施策に反映されていきます。

メーリングリストは、ダイナモのいわば心臓部に当たります。それぞれのプロジェクトに関係する様々な人たちのリストが載っており、自由にアイデアの提供やそれに伴う意見などをメールを通してやり取りし、その議論のプロセスを参加者の誰もが見られるようになっています。

都労働経済局では、九九年六月にダイナモを立ち上げましたが、一年間に二一〇件のプロジェクト提案が出されました。その中から三二件が都の新しい産業振興プロジェクトに採用されました。その中には、東京ゼロエミッション・プロジェクトも入っています。

東京ゼロエミッション・プロジェクトとしては、(1)西多摩の森林再生・木質バイオマス、(2)多摩ニュータウンの牛糞堆肥化、(3)早稲田商店街の生ごみ堆肥化——の三つが選ばれました。この三つのプロジェクトは、すでにそれぞれの地域住民が先行的に取り組んでいたものを、都として「東京都産業振興ビジョン」のひとつとして正式に位置付け、積極的に支援していくことにしたものです。現在、三つのプロジェクトの代表者と東京都労働経済局、国連大学高等研究所などが相互に連携しながら、さらにプロジェクトを発展させています。

③ 地域文化の創造、自然環境の尊重

すでに指摘したように、地方にはその地域、地域の伝統的な文化があります。高度成長のうねりの中で、画一化された物質文化、とりわけ使い捨て文化が地方に押し寄せ、もったいない精神に支えられた伝統文化は衰退の淵に追い込まれています。今こそ、そうした伝統文化に光を当てる必要があります。かつてその地域に存在していた住宅や町並みは、その地域独特の水系や風の道、さらに山野を含めた自然環境をしっかり計算して作られたものです。そうした自然環境を生かした住宅や町並みの多くは、今日では画一的な住宅、町並みに作り変えられ、昔の面影を残している地域は極端に少なくなっています。

地域のゼロエミッションを進めるためには、もう一度その地域の自然環境を振り返り、自然環境を「先祖から与えられた財産」として生かしていく工夫が必要です。山形県・立川町の風力発電による地域おこしもそのひとつです。同町は、最上川が、出羽丘陵を二つに分け、山側から庄内平野に流れ出す出口のところに位置しています。このため、春から秋にかけては、上流から谷間を通って東南東の強風が吹き荒れます。この風は、清川地区を通り、日本海へ吹き抜けていくため、地元では「清川ダシ(東風)」と呼んでいます。逆に冬になると、日本海側からの季節風が狭い谷間に吹き込んでくるため、一年中強風が絶えません。強風は、町の基幹産業である農作物に被害を与え、大火の原因になり、町民から恐ろしいもの、厄介ものとして長年嫌われてきました。立川町では、この長年忌み嫌っていた悪風を風力発電に利用することを思い付き、町おこしに使うという逆転の発想をしました。現在、同町には、九基の風力発電が稼動しています。九基合わせた発電量は、年間六五七万ｋｗｈ(キロワットアワー)で、町内で消費する電力需要の約三〇%にあたります。今年は、さらにこれまでの二倍以上の出力(一五〇〇キロワット)を持つ大型風力発電を建設する予定で、将来は脱化石燃料による電力供給を目指しています。また同町の呼びかけで、風をテーマに地域活性化を進めている全国一二市町村と定期的に「風サミット」を開催するなど地域間交流も進めています。

宮崎県・綾町は、東洋一の常緑照葉樹林と清流と有機農業を財産にして、都会生活に疲れた多くの人々の憩いと癒しの場として、毎年多くのエコツーリストを受け入れています。宮城県本吉郡唐桑町で、「牡蠣の森を慕う会」代表をしている漁師の畠山重篤さんらは、豊かな海の漁場を保つためには、その海に注ぐ川、そして上流域の森の大切さに気付き、一九八九年から気仙沼湾に注ぐ大川上流の室根山に落葉広葉樹の植林を始めています。昔、気仙沼で美味しい牡蠣がたくさん獲れたのは、上流に豊富な落葉広葉樹林があったからで、その復元の重要性に気が付いたわけです。それから今日までの一二年間に、ブナ、ナラ、トチなどを一〇ヘクタールの土地に三万本植林し、「牡蠣の森」と命名しました。畠山さんの背丈を超えて大きく育った樹木も少なくありません。この運動を長期的に成功させるためには、大川流域の小、中学校の協力が欠かせません。そこで彼ら小、中学生を海に招いて、なぜ豊かな漁場のために上流での植林が必要かなどの体験学習も始めています。この活動を、地元では「森は海の恋人運動」と呼んでおり、生きた環境教育として注目され、教科書にも取り上げられています。「気仙沼の牡蠣」の知名度も上がり、ビジネスとしても成功しています。

地域の自然環境に新しい光を当てることで、地域の良さを再確認することが、地域を活性化させ、新ビジネスを発掘する機会になります。そのためには、自分の生活している地域に、昔どのような農作物が穫れたのか、川にはどのような魚が生息していたのか、日照時間はどうだったのか、雨はどの程度降り、気温はどうだったのか、さらにどのような家屋があったのかなどを調べ直すことから、地域の自然環境を勉強する必要があります。

この点で、水俣市役所の吉本哲郎さんが提唱されている「地元学」は、大変興味深い内容です。自分は、水俣に住んでいながら、水俣のことは何も知らなかった、水俣病のこともほとんど知らなかった。このような反省から、吉本さんは「地元学」という言葉を紡ぎだしたそうです。地元学は、地元に学ぶことであって、机上で学問を学ぶことではない、と吉本さんは言っています。地元から学ぶために、吉本さんは地元の人たちと、「地域資源マップ」と「水の経路図」づくりを始めました。資源マップには、地域の地図の上に、どの地区で、どのような農産物が穫れるか、野鳥や魚の名前とそれを目撃した場所、景色の良いところ、淵や川、谷、山などの名前、木の種類なども書き込んでいく。古老などからの聞き取りを積極的に行う。「水の経路図」も、自分たちが飲んだり、使ったりしている水がどこからきて、どこへ行っているのか、住民と一緒に調べ上げ、地図上に書き込んでいく。

このような地元学を通して、もう一度自分の住む地域を一から知ることから始めるのも地域ゼロエミッションには、大切なことだと思います。